TRAITÉ ÉLÉMENTAIRE

D'AGRICULTURE,

À L'USAGE DES ENFANTS DES ÉCOLES PRIMAIRES,

par

GUILLEMIN,

Ancien élève de Roville.

> « Tout fleurit dans un État
> « où fleurit l'agriculture.
> « SULLY. »

Paris.

LÉAUTEY, IMPRIMEUR-LIBRAIRE,

rue Saint-Guillaume, 21.

1852.

TRAITÉ ÉLÉMENTAIRE

D'AGRICULTURE,

A L'USAGE DES ENFANTS DES ÉCOLES PRIMAIRES,

par

GUILLÉMIN,

Ancien élève de ROVILLE.

« Tout fleurit dans un État
« où fleurit l'agriculture.
« SULLY. »

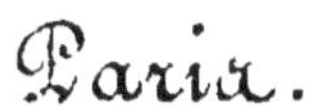

Paris.

LÉAUTEY, Imprimeur-Libraire,
rue Saint-Guillaume, 21.

—

1852.

A vous prêtres et instituteurs, car vous avez pouvoir de vulgariser la science agricole.

A vous aussi, jeunes élèves de nos écoles primaires,... et puisse ce petit livre vous faciliter les moyens de découvrir les trésors que la terre recèle dans ses flancs.

Pour vous l'offrir, j'ai puisé autant que possible à cette source qu'on nomme expérience, et, toujours dans votre intérêt, je n'ai pas craint de mettre en contribution nos meilleurs auteurs : notamment M. Mathieu de Dombasle.

Ce n'est pas précisément un manuel que je vous dédie, ce n'est pas davantage un cours d'agriculture, c'est, — passez-moi l'expression, — c'est... une *grammaire agricole* que je désire vous offrir !

PREMIÈRE LEÇON.

—

L'agriculture a pour but de mettre la terre dans l'état le plus convenable à la production des récoltes.

Cet état le voici.

Ameublissement suffisant des terrains, labourage aussi profond que la couche végétale peut le permettre, disposition des billons, raies, et fossés facilitant l'écoulement des eaux.

Mais, pour bien combiner ces moyens d'action et assurer à ces différents travaux une bonne exécution, la connaissance du sol et du sous-sol devient nécessaire à l'agriculteur.

Le sol est toujours formé de la décomposition de roches dont les espèces, variant à l'infini, forment autant de sol qu'il y a de variétés de roches. Et ces différents sols sont plus ou moins profonds, selon qu'ils sont plus ou moins entremêlés de débris végétaux et minéraux qui, par leur décomposition, forment *l'humus*. Ainsi, la composition d'un sol doit ordinairement se juger par la com-

position géognostique des montagnes environ-
nantes.

Le sous-sol a sur la végétation une influence
moins marquée que le sol; cependant, cette influence est trop directe sur quelques récoltes pour
n'en pas faire mention. Il est ordinairement de
la même nature que la couche supérieure; mais,
étant le plus souvent exempt de toute influence
atmosphérique, il est bien rare qu'il en ait les
propriétés. Amené à la surface, il est souvent un
obstacle à une bonne végétation.

Aussi, ne doit-on procéder à cette opération
(excellente du reste), que par degré.

Cependant, il arrive quelquefois que des terrains de même nature doivent être traités d'une
manière différente, et ceci par rapport à leur
pente et à leur direction.

En effet, la fertilité d'un sol tient souvent à sa
situation, car une exposition devient bonne ou
mauvaise, selon que le plus ou le moins de chaleur peut, plus ou moins, favoriser le développement des plantes. Et comme les unes préfèrent
un degré moyen de chaleur, les autres un degré
plus élevé, celles-ci un changement brusque dans
la température, celles-là une température moins
variable, il découle de ces faits : que les plantes
tirent une partie de leur nourriture de l'atmos-
phère. Disons encore que, plus leurs feuilles sont
larges et plus la récolte est abondante, moins elles
épuisent le sol, *pendant un certain temps.*
Mais, ce phénomène ne se produit que jusqu'au
moment où elles commencent à entrer en matu-

rité, c'est-à-dire jusqu'à la floraison. Alors, elles soutirent moins de vie, mais, en compensation, elles soutirent de la terre une plus grande partie de sucs nourriciers ; de ce moment, elles épuisent *réellement* le sol, ce qui a fait dire, avec juste raison, qu'une récolte était d'autant plus épuisante qu'elle était plus productive ; mais, comme les unes ont des racines traçantes, et les autres des racines pivotantes, il s'ensuit que les premières n'épuisent que la superficie et les deuxièmes une couche inférieure. Ou plutôt, chaque plante, de quelque nature qu'elle soit, tire plus ou moins abondamment du terrain les sucs qui lui sont propres et abandonnent, sans privation aucune, ceux convenant plus particulièrement aux plantes d'une nature différente.

Cette théorie nous amène à parler de la science des assolements, science difficile, parce que tout doit se plier aux modifications que peuvent indiquer la nature et le hasard ; de là cette définition que l'agriculture est l'art de tirer de la terre les plus grands produits avec le moins de dépenses possibles. C'est qu'il faut toujours montrer à l'homme un *bénéfice*, parce que l'énergie de nos efforts est proportionnée à l'importance du salaire que nous avons en perspective. Ce qui revient à dire que l'agriculture n'est point une combinaison précise et invariable qu'on doive appliquer à toutes les localités, mais, au contraire, qu'elle doit être *raisonnée* et que l'agriculteur doit reconnaître les circonstances spéciales sous l'influence desquelles il est appelé à travailler.

DEUXIÈME LEÇON.

—

Nous touchons à un point essentiel de l'agriculture, parce que c'est lui qui constitue l'augmentation de production sans détérioration du terrain, parce que c'est lui qui nous enseigne l'effet de chaque récolte sur le sol, et que *seul* il peut établir ce bon ordre de succession que nous nommons *assolement*.

L'assolement est donc une continuelle alternation entre plusieurs espèces de produits et cette continuelle alternation a non seulement pour objet d'entretenir la terre en bon état, mais encore elle fournit à l'agriculture le moyen de se suffire.

Mais, afin que la culture d'assolement se suffise, elle doit produire en abondance des récoltes destinées aux bestiaux.

Les plantes fourragères sont donc le pivot de tout bon assolement et entre elles se distingue le trèfle qui fournit un excellent fourrage, tant à l'état sec qu'à l'état vert, et dont la culture est assez économique.

Cependant, comme, dans tout assolement, la culture des plantes fourragères doit-être combinée avec celle des récoltes sarclées qui deviennent plantes fourragères ou non fourragères, selon leur nature; on peut dire que le meilleur assolement est celui qui donne *moitié paille, moitié foin*.

Ces simples données nous font déjà voir que les assolements peuvent varier à l'infini; en effet, plus un sol sera pauvre et léger, plus on devra recourir souvent aux engrais, et plus l'assolement devra être court.

Ainsi, pour la plupart des sols légers, l'assolement de quatre ans est *peut-être* celui qui paraît offrir le plus d'avantage; celui de cinq ans semble assez convenir aux terres d'une consistance moyenne, et, ceux de six, sept et même huit années paraissent avoir trouvé leur place dans les terrains argileux. Je ne citerai donc pas les assolements les plus vantés, car en prôner *un* aux dépens des autres serait chose funeste : ce serait entretenir l'erreur. Je dirai seulement : les circonstances font seules les bons systèmes de culture ou les bons assolements; de sorte qu'ils peuvent non seulement varier à l'infini, comme nous l'avons dit, mais encore *ils* peuvent pécher contre toutes les régles de l'art. C'est pourquoi l'agriculteur doit toujours avoir égard aux ressources et aux difficultés qu'offrent et son art et sa position locale.

Cependant, les principes généraux qu'on doit

suivre dans un assolement ayant été indiqués, je crois utile et même nécessaire de les placer ici.

Ils se bornent aux suivants :

1° On doit intercaler les récoltes de manière à entretenir le sol dans le meilleur état de fertilité possible;

2° Les récoltes sarclées doivent revenir assez souvent pour maintenir la terre bien nette de plantes nuisibles;

3° Le fumier doit toujours être appliqué à la récolte sarclée parce que les cultures qu'elle reçoit détruisent les mauvaises herbes dont le fumier a apporté la semence et dont il favorise le développement;

4° Cette récolte doit recevoir souvent des cultures fréquentes à la houe à la main ou à la houe à cheval, de manière qu'il n'y vienne pas une seule mauvaise herbe à graine;

5° On doit, autant que possible, éloigner les récoltes du même genre; on doit rarement, en particulier, placer deux années de suite deux récoltes céréales;

6° Le trèfle, le sainfoin, la luzerne, et, en général, les plantes fourragères destinées à être fauchées ou paturées, doivent toujours se placer dans la récolte céréale qui *suit immédiatement une jachère ou une récolte sarclée et fumée;*

7° On doit faire choix, pour l'assolement d'un terrain, *des plantes qui conviennent le mieux à la nature du sol,* et elles doivent être placées dans un ordre convenable afin que les cultures préparatoires, que chacune d'elle exige, puissent se donner avec facilité;

8° L'assolement qu'on adopte doit produire assez de fourrages pour nourrir un nombre de bestiaux suffisants pour fournir la quantité d'engrais que *l'assolement lui-même exige*. On peut cependant s'écarter de cette régle, lorsqu'on a d'autres ressources pour la nourriture des bestiaux, dans les prairies naturelles, par exemple, etc.

9° Le meilleur assolement est celui qui donne le produit net de frais le plus considérable; car, en définitive, le profit doit toujours être le but de l'agriculteur. Mais, il faut qu'un bon assolement donne non-seulement ce produit sans épuiser le sol, mais, au contraire, en le maintenant en état constant d'amélioration.

A ces principes généraux, j'en ajouterai un dixième : c'est qu'on ne doit jamais perdre de vue qu'un hectare de terrain doit nourrir, *au moins*, une tête de gros bétail.

Mais, objectera-t-on, vous êtes convenu que la culture d'assolement repose sur la création de prairies artificielles, comment ferons-nous dans les localités où nous ne pourrons établir ces prairies que sur quelques parcelles de terrain?

Puisque tous les sols ne conviennent pas à toutes les plantes, et que toutes les plantes ne peuvent végéter dans tous les climats, nous devons chercher celles qui conviennent et au sol et au climat et les y multiplier. Si donc, nous ne pouvons établir de belles luzernières, de belles prairies en trèfles, en raygrass, etc., établissons simplement des paturages. Et, pour entretenir le paturage *bon*, il faut avoir le soin d'y faire revenir les bêtes souvent et régulièrement, car l'herbe prend des habitudes qu'il faut entretenir. Elle poussera promptement de petites tiges bonnes à la dent; mais, abandonnées pour avoir un fourrage plus abondant, ces petites tiges durciront sans s'élever et le bétail n'y touchera pas. On voit donc qu'avec des paturages on augmente aussi le nombre de ses troupeaux, et, en les augmentant, on augmente la masse de ses fumiers, on multiplie ses produits!

C'est que les circonstances seules font les bons abssolements, et que, pour en avoir *un* bon, il faut s'attacher à la culture des plantes également appropriées au sol et à *l'espèce de bétail* qui doit être *cultivée*.

Or, nous connaîtrons cette espèce de bétail au moyen d'une *comptabilité* régulière et bien entendue qui nous indiquera toujours quels sont les *articles du train* qui offrent le plus de pertes ou le plus de bénéfices! . . . .

TROISIÈME LEÇON.

—

Nous avons bien vu que la nature favorisait une continuelle alternation entre plusieurs espèces de produits; mais cela seul ne suffit point pour maintenir la terre dans un état constant d'amélioration, ou, si on veut, de bonne production.

En effet, chaque récolte lui enlève une partie de ses substances nutritives, et il faut de toute nécessité les lui rendre, autrement les plantes s'éleveraient tristes et chétives, et, semblables à ces êtres qu'on nomme *poitrinaires*, donneraient de mauvais produits.

Or, les sucs qui nourrissent les plantes sont des substances, soit végétales, soit animales, réduites à l'état soluble. Pour nous, ces sucs sont les *engrais*.

Les engrais sont donc l'âme de toute agriculture, et il est de la plus haute importance de ne rien négliger pour en avoir une plus grande quantité. Bien nourrir son bétail et recueillir tous ses fumiers en un seul tas, sans s'inquiéter si une partie provient de la marcarerie ou de la bergerie, et sans laisser courir çà et là, et par conséquent se perdre à quelque pas de distance les sucs qui peuvent s'en échapper, est d'ordinaire un moyen économique et bon, surtout pour les localités éloignées des villes.

Mais l'art de faire des engrais, ou plutôt la science des engrais, est une connaissance généralement négligée, pour ne pas dire généralement inconnue.

C'est que non seulement il faut savoir augmenter ses engrais, mais encore il faut savoir s'en servir, c'est-à-dire connaître le résultat de chacun sur chaque plante, ainsi que leurs différentes valeurs nutritives.

1° Le fumier avec chiffons , ou le compost de chiffons de laine est de tous les engrais, si ce n'est le plus puissant, du moins le plus amandant. Des expériences, qu'on peut regarder comme certaines, ont démontré qu'une voiture de compost de cette nature équivalait à peu près à *dix* voitures de fumier ordinaire ;

2° La matière fécale a sur les plantes un effet aussi direct; mais ses effets sur le sol le sont moins. On a remarqué qu'elle agissait plus puissamment qu'aucune autre sur le colza ;

3° La fiente de volaille paraît convenir essentiellement à l'oignon; cependant si on pouvait la recueillir en grande quantité, on devrait s'en servir comme de la colombine.

4° Les os pilés forment également un excellent engrais. Cette substance, composée en grande partie de graisse et de gélatine, est employée en Angleterre avec le plus grand succès; ses effets sont des plus marqués sur le maïs et le ruta-baga.

Contrairement aux os pilés, les tourteaux d'huile, comme engrais, agissent principalement sur les céréales; leur place paraît être marquée dans les terres saines et de moyenne consistance; mais afin que les effets d'une semblable fumure se fassent bien sentir, il n'en faut pas moins de mille kil. par hectare. Les touraillons ou germes d'orge, les rognures de cuir, etc., produisent aussi sur les céréales les plus heureux résultats.

On pourrait peut-être en dire autant du noir animal, engrais qui a été fort vanté, mais dont il faut se servir avec ménagement, c'est-à-dire qu'il faut alterner avec d'autres engrais. On l'emploie dans la proportion de 6 à 8 hectolitres par hectare; on a même été jusqu'à 15 hectolitres, mais ses effets n'ont pas été plus énergiques. On s'en sert aussi pour l'amendement des prés; mais ses bons résultats ne sauraient que rarement couvrir les frais qu'occasionne la poudrette ainsi répandue, parce qu'elle est fort chère, et que son action ne dure qu'une année. La proportion à employer est alors de 15 à 18 hectolitres par hectare. Les sciures de bois, surtout celles de chêne, employées fraîches comme engrais, sont pour ainsi dire un *poison* pour les plantes à cause du *tanin* qu'elles contiennent; mais lorsque le principe astringent est décomposé par la fermentation, les sciures produisent un très-bon effet. Il en est de même des marcs de raisin.

Parquer est encore un moyen de bonne fumure.

C'est un moyen qui n'offre un avantage réel que dans le cas de disette de fumier, ou dans celui, non moins grave, de ne pouvoir en conduire, vu l'éloignement des terres, la pente des terrains, etc., enfin toutes les fois que les charrois sont difficiles ou que la paille se vend un haut prix. Pour prolonger son action, comme celui de tout *engrais léger*, il est bon de faire sur parcage, du blé, sur lequel on sème du trèfle. Cette dernière récolte se ressentira encore des bons effets du parcage, et plus le trèfle sera beau, plus le blé qui lui succédera le sera aussi.

Il est une infinité d'autres engrais dont nous ne ferons pas mention, parce qu'on ne sait au juste quelle quantité de ces engrais peut produire les mêmes effets que telle quantité de fumier ; ou encore parce qu'ils sont le plus souvent les produits du charlatanisme, et qu'il faut se tenir en garde contre leurs effets, qui, d'abord, paraissent tenir du merveilleux, car ils agissent, presque toujours, plutôt comme stimulant que comme engrais. Enfin, parce que leur préparation ou leur acquisition devient le plus souvent onéreuse, soit par le haut prix, soit par le peu de durée de ces mêmes engrais. Les circonstances seules peuvent donc indiquer quand on doit et quand on peut s'en servir.

QUATRIÈME LEÇON.

—

Nous sommes amenés aujourd'hui à parler des plantes qui laissent plus au sol qu'elles ne lui enlèvent : des trèfles, par exemple, de la plupart des prairies artificielles, et encore de celles qu'on cultive afin de s'en servir comme engrais; tels sont les lupins, le sarrasin, etc., etc.

Ces plantes qui, pour la plupart, ne fournissent qu'une demi-fumure, ne peuvent guère être considérées que comme des engrais, dont le principal mérite est de permettre à l'agriculteur d'attendre le moment où doit revenir le fumier dans l'assolement. Et on concevra toute l'importance d'une telle fumure quand on songera qu'il est souvent l'unique moyen d'empêcher qu'on ne détourne le fumier de la place qui lui était d'abord destinée, et qu'en conséquence c'est l'unique moyen d'entretenir la concordance dans les rouages de la machine, sans quoi il n'y aurait que confusion.

De tous ces engrais, qu'on nomme *engrais*

verts, le lupin tient sans contredit le haut rang ; malheureusement il craint les moindres gelées, ce qui rend sa réussite chanceuse. Son effet, comme beaucoup d'engrais de cette nature, est, dans quelques circonstances, peu marqué la première année.

Le sarrasin enfoui en vert, quoique bien inférieur au lupin, n'en est pas moins un excellent engrais. Si ces bons résultats paraissent être révoqués en doute par quelques personnes, c'est que sa décomposition est plus ou moins lente, selon la nature du terrain. Et plus sa fermentation s'opère lentement, moins il agit promptement sur les plantes. Autant que possible, il faut l'enfouir quinze jours au moins avant les semailles. Par ce motif, on devrait toujours faire seigle sur sarrasin, ou tout au plus méteil (seigle et froment).

Je ne dirai qu'un mot en ce moment des pois, des vesces, etc., etc., parce qu'on ne s'en sert, comme engrais, que quand ces plantes offrent la certitude d'une mauvaise récolte. Dans ce cas, seulement, il est avantageux de les retourner en terre, et on peut compter sur un beau blé.

Retourné en terre, le trèfle est une excellente préparation pour le froment. Son action est plus efficace et plus durable que celui des meilleurs engrais verts, le lupin excepté ; il aime les sols argileux auxquels il convient parfaitement.

En sacrifiant la deuxième coupe du trèfle et en y joignant une demi-fumure d'engrais animal, on pourra ordinairement compter sur une bonne récolte de colza.

Nous dirons peu de choses des luzernières, des sainfoins et de toutes ces prairies artificielles qui durent nombre d'années. Après elles, le terrain est amélioré; il ne s'agit plus que de ne pas lui laisser perdre ce qu'il a gagné.

Nous ferons cependant observer qu'à une prairie artificielle, composée en totalité ou presque totalité de légumineuses, devra toujours succéder le blé.

Si, au contraire, il y a eu dans les semis mélange de plantes, et que les graminées l'emportent par le grand nombre, mieux vaudra donner la préférence à l'avoine.

La pente seule de notre sujet va nous pousser à vous entretenir des *amendements*, et nous ne saurions le faire avec plus d'à propos, puisqu'on leur conserve encore le nom *d'engrais stimulants*.

Cependant, les amendements ne donnent rien au sol, mais hâtent seulement la décomposition des substances, soit végétales, soit animal, qui s'y rencontrent, et fournissent, de cette manière, aux plantes, une nourriture que, sans les amendements, ces mêmes plantes auraient vainement cherchées.

En première ligne se trouve la *chaux*, qui convient à *tous les terrains* ne renfermant pas déjà un principe calcaire.

La quantité à employer est en raison de la nature des terres. Lorsqu'elles sont d'une consistance moyenne, 120 à 150 hectolitres par hectare me semble une moyenne raisonnable. Je ne voudrais pourtant pas qu'on acceptât ce mode d'opérer d'une manière trop absolue, parce qu'à cet égard les données varient à l'infini et qu'on en répand depuis 50 hectolitres jusqu'à 300 hectolitres, et même 400 hectolitres par hectare.

Beaucoup de procédés sont en usage pour l'emploi de la chaux. Le plus usité est de la placer d'abord en petits tas, de la couvrir assez légèrement de terre pour qu'elle puisse aspirer un peu d'air; puis, lorsque par l'absorbtion de l'humidité atmosphérique elle est délitée ou à peu près réduite en poussière, on la mêle à la terre qui la recouvre. Ensuite, on la répand, le plus également possible, sur toute la surface du champ, et, enfin, on l'enterre par un léger labour. Après la chaux, la marne est l'amendement qui exerce sur les plantes la plus heureuse influence. C'est ordinairement en hiver et par de légères gelées qu'on la transporte et qu'on la répand sur le sol. Sa durée est d'environ cinq à dix ans, selon sa richesse, c'est-à-dire selon les principes calcaires qu'elle renferme et aussi selon les terrains sur lesquels elle est appelée à agir.

Les cendres donnent également une grande force de végétation. Elles sont très-avantageuses aux récoltes céréales et particulièrement au sarrasin.

Répandues dans les prés, elles y produisent de bons résultats.

Je ne parlerai pas du plâtre, dont l'action semble être purement mécanique et qui, du reste, ne favorise que le développement des plantes légu-mineuses. C'est au moment où la végétation s'est déjà fait sentir, qu'il est bon, voire même utile, d'en soupoudrer les trèfles, les luzernes, les sain-foins,.etc., etc.

Néanmoins, ses effets sont à peu près nuls sur les terrains fortement chaulés.

Nous aurions bien quelques mots à dire sur les composts et sur les mélanges de terre, mais ces opérations doivent toujours être subordonnées au plus ou moins de facilité que fournissent à cet égard les localités.

Je rappellerai, cependant, en terminant cette leçon, que les amendements, de quelque nature qu'ils soient, ne peuvent se suffire, et qu'ainsi il faut, de toute nécessité, leur faire broyer des engrais.

CINQUIÈME LECON.

—

Un des principes généraux, qu'on doit suivre dans un assolement, nous a appris qu'on devrait intercaler les récoltes de manière à entretenir le sol dans le meilleur état de fertilité possible, c'est-à-dire qu'on devait *éloigner* les plantes de même genre pour leur en faire succéder d'autres d'un genre différent. Si je parais revenir sur un fait acquis pour nous, c'est qu'il est bon d'établir quelques termes de comparaison entre les diverses récoltes qu'on peut cultiver, comme encore d'apprendre quelles sont celles qui, par leur culture, sont une préparation pour les récoltes suivantes.

Et d'abord, toutes les plantes qui occupent peu de temps le sol, *ou celles* qui, par les différents travaux qu'ils exigent, permettent et l'ameublissement du sol et la destruction des mauvaises herbes, deviennent, pour la plupart, une préparation aux récoltes suivantes.

Voilà pourquoi le colza, plante assez épuisante et très-productive, assure mieux que tout autre la réussite du *froment*. Il est vrai qu'enlevé de bonne heure, il laisse à la terre une demi-*jachère*, et l'on sait que la jachère est, de toutes les préparations, la meilleure possible. Aussi, quoique la culture alterne tende à la faire disparaître, nous dirons avec Schwertz : la jachère appartient à ces choses sacrées dont il ne faut point faire abus, mais qu'il ne faut point négliger. Elle est confortante pour un sol faible, et moyen de guérison pour un sol épuisé ; appliquée à propos, elle peut donner à la machine entière une nouvelle existence. Le premier labour d'une jachère doit toujours être le plus profond. . . . .

Mais j'ai hâte de revenir au colza.

Aucune plante ne réussit mieux que lui après un défrichement de bois, c'est ce qui fait que, dans les terrains de cette nature, on pourrait établir deux ou trois rotations, ou on le ferait revenir tous les quatre ans.

Son rendement en huile est d'environ 40 kilog. pour 100 kilog. de graine. Ses tourteaux, quoique bien inférieurs à ceux de lin, sont très-estimés, comme ceux de navette, et, contrairement à ceux de noix, ils poussent la *graisse en dedans*.

Parlant des tourteaux de navette, je suis amené à dire que, dans la plupart des cas, ce que j'ai dit du colza peut s'appliquer à cette plante, et c'est sans doute pour cette raison que, dans une exploitation, on ne cultive guère l'une exclusivement aux dépens de l'autre.

Cependant, dans les sols riches, le colza aura toujours sur elle le grand avantage de produire plus. Il a, en outre, celui de pouvoir être repiqué. Dans le cas où l'une de ces plantes viendrait à manquer, on pourrait la remplacer par de la *caméline*, à laquelle on doit donner la préférence sur toutes les autres plantes à huile de printemps, parce qu'aucun insecte ne l'attaque (je ne parle pas du *madia sativa* que je n'ai pas cultivé); malheureusement, elle se sème au printemps et son développement a souvent lieu dans des circonstances défavorables. Après la caméline le froment réussit assez bien.

Il est cependant une plante qui peut se succéder durant un temps illimité : c'est le chanvre. Je ne chercherai pas à démontrer si sa culture est réellement avantageuse, je dirai seulement aux personnes qui le cultive :

Vous ferez bien de faire comme en Alsace, c'est-à-dire mettre à part les pieds que vous destinez à produire de la graine, ce qui se fait en jetant un peu de semence dans des récoltes sarclées comme maïs, haricots, féverolles, etc., de cette manière, vous pourrez arracher le chanvre femelle aussitôt que le chanvre mâle, et vous aurez de bien plus belles graines et une filasse plus fine et de meilleure qualité que par les moyens assez ordinairement employés.

En opposition au chanvre, le *pois* est de toutes les plantes la plus antipathique à elle-même, aussi les jardiniers de Paris et des environs ne craignent-ils pas de payer *double* une terre qui n'en a pas porté depuis une dizaine d'années. Cette récolte est généralement considérée comme une préparation à la récolte suivante.

Les *vesces* sont également pour le blé une excellente préparation et même on peut compter, après elles, sur un beau colza avec une demi-fumure d'engrais animal. Ce fourrage est des plus estimé et convient essentiellement aux vaches laitières. Comparées aux trèfles, les vesces ont le désavantage d'offrir, outre un prix de semence plus élevé, celui de ne donner qu'une coupe et d'exiger des cultures particulières. Mais, à leur tour, elles ont l'avantage d'occuper moins longtemps le terrain et de permettre ainsi le choix de la récolte à venir, comme aussi d'en assurer la réussite par une meilleure préparation. Ensuite, on ne place guère des vesces que dans la jachère ou dans des circonstances qui rendraient bien chancheuses la réussite de leur rival.

Elles peuvent rendre de trois à quatre mille kilog. à l'hectare.

Si je m'arrête un instant aux *lentilles*, c'est qu'elles offrent, comme les pois et les vesces, un fait très-bizarre et qu'on ne saurait expliquer en théorie; c'est qu'elles sont d'autant *moins épuisantes* qu'elles sont *plus productives!* Ainsi, on est à peu près certain d'avoir une belle récolte de froment après une bonne récolte soit de pois, soit de vesces, soit de lentilles; mais, on gagne infiniment plus à enfouir ces plantes qu'à les conserver si elles ne présentent qu'une demi-récolte.

Considérées sous le rapport du fourrage, les

lentilles en forment *un* tellement puissant qu'il est prudent de le mélanger à un autre de moindre qualité pour le donner aux bestiaux ; rarement on les cultive dans le but de les faire manger, parce que, non seulement elles ne s'élèvent qu'à une très-petite hauteur (18 à 20 cent.) et ne donnent qu'une récolte peu abondante, qui, comparée à celle des vesces, n'en est guère que le *quart*, mais encore parce que leur graine est très-recherchée et se vend parfaitement.

Quoique bien inférieur en nutrité aux vesces et surtout aux lentilles, le trèfle commun n'en occupe pas moins le premier rang dans un assolement. C'est que sa culture est peu coûteuse, et qu'il est une excellente préparation à la récolte qui doit lui succéder.

Sa durée est d'une année pendant laquelle il donne ordinairement plusieurs coupes. Il pourrait sans doute durer davantage, mais il s'enherberait ; et, d'ailleurs, plus il occuperait de temps le terrain, plus on devrait apporter d'intervalle à le faire revenir. Il n'aime guère à se succéder que tous les cinq à six ans.

Cependant il n'exclut point les plantes de la même famille que lui, car on pourrait sans inconvénient cultiver dans l'espace désigné la lupuline qui n'offre un prix réel que comme plante à pâturer.

Il est indispensable de chauler les terres qu'on destine à porter du trèfle.

Les plantes qui durent nombre d'années, telles sont : les sainfouins, les luzernes, etc., ne sont pas précisément plantes d'assolement. Malgré cela elles ne doivent pas être négligées, car, sous le rapport du produit et de la qualité, elles sont supérieures au trèfle, qui déjà, sous ces deux rapports, est l'égal des prairies naturelles. On peut cependant lui reprocher de manquer de ce stimulant qui donne la vigueur aux chevaux, ce qui fait que les rouliers lui préfèrent le fouin de bonne qualité.

Le maïs, les féveroles, etc., sont aussi une assez bonne préparation au froment ou au seigle; on pourrait en dire autant des pommes de terre, betteraves, etc., sur lesquelles on peut semer immédiatement après l'arrachage, sans autre préparation qu'un coup de herse ou d'extirpateur, pour enterrer la semence. Mais comme la récolte de ces plantes est souvent tardive, et s'effectue souvent par le mauvais temps, il peut devenir avantageux (suivant les circonstances et suivant les localités) de leur faire succéder *avoine* ou *orge.*

Au reste, voici un petit tableau de rendement de diverses récoltes, d'après une base donnée, qui pourra servir à l'agriculteur lorsqu'il jugera convenable d'abandonner une récolte pour une autre, ou encore d'en sacrifier *une* pour une plus productive.

Une terre qui, en froment, rend à l'hectare ci . . . . **15** hectol.

pourra rendre en épautre	**20**	»
— en avoine	30	»
— en sarrazin	30	»

—	en colza (d'automne)	16 hectol.
—	en navette (id.)	15 »
—	en seigle	16 »
—	en pommes de terre	25,000 lit.
—	en betteraves	35,000 »

Ajoutons, en terminant, que les facultés épuisantes des céréales peuvent, selon beaucoup d'agronomes, être rangées dans l'ordre suivant :

Blé, épautre, seigle, orge, avoine.

Il existe cependant encore des opinions différentes.

SIXIÈME LEÇON.

—

En terminant la leçon précédente, nous avons encore été amenés à reconnaître que « beaucoup et bien nourrir », comme disaient les anciens, était l'indice d'une amélioration constante dans une exploitation agricole. Or, comme une amélioration est toujours un acheminement normal et certain à d'autres améliorations, surgira donc de près *l'organisation agricole* sur l'organisation industrielle, avec ses *chambres consultatives*, son *code rural* et ses *banques agricoles départementales* (1).

Mais puisqu'une augmentation de bien-être peut ressortir d'une augmentation de bétail, occupons-nous des soins qu'on doit lui donner, de l'amélioration à introduire dans les différentes races sur lesquelles on est appelé à agir, et occupons-nous des *croisements.*

Rien au monde ne demande une plus grande aptitude de la part du cultivateur.

C'est qu'il ne s'agit pas d'aller chercher à

---

(1) Depuis que ces lignes sont écrites, M. le Président a fait paraître deux décrets qui organisent : l'un, le *crédit foncier ;* l'autre, les chambres consultatives d'agriculture. (*Note de l'éditeur.*)

grands frais des animaux pour les transporter dans une localité qui ne leur offre pas des avantages aussi réels que ceux offerts par le sol sur lequel on les a pris. Or, ces avantages se trouvent surtout dans l'acclimation et dans la bonne nourriture qu'ils y trouvaient. C'est que, pour songer à changer sa race par une plus parfaite, il faut y être préparé Or, cette préparation consiste dans l'introduction des prairies artificielles et des plantes fourragères, et, par conséquent, dans la substitution de l'agriculture raisonnée à l'agriculture routinière.

C'est qu'une expérience faite à la légère ou sans discernement a son recours contre la bourse de celui qui l'entreprend, et fournit un argument à ceux qui prétendent qu'on ne doit pas viser à augmenter la taille de ses bestiaux, sous prétexte qu'on peut les déformer ou qu'on peut nuire à leur bonne constitution.

Or, ce raisonnement, bon là où l'agriculture reste stationnaire, est d'un crétin ou d'un impie appliqué dans un sens général, parce que c'est la négation de tous progrès, et que, dès lors, c'est nier le génie de l'homme: c'est, pour ainsi dire, nier la divinité elle-même. D'autres (esprits rétors ou superficiels), gens ordinairement disposés à sacrifier aux faux dieux, quoique voulant paraître n'en adorer qu'un seul, s'abritent derrière ce raisonnement: « que la ration d'entretien étant en raison du poids de l'animal, il devient inutile d'en augmenter la taille. »

Sans doute, la ration d'entretien est en raison

du poids de l'animal (en tant qu'il s'agit de bêtes de même race, quoique de volume différent); mais un bœuf de 1,200 livres, par exemple, ne mangera pas autant que deux bœufs du poids de 600 livres chacun. En outre, la somme de travail qu'on tirera d'un joug de bœufs sera toujours relativement plus considérable et moins onéreuse que celle tirée d'un attelage de quatre bêtes ou de deux jougs.

Et ce que je viens de dire de la race bovine s'applique en partie à la race ovine, car la proportion de laine que produit un bélier ou une brebis est toujours en raison de son poids. Les moutons donnent cependant un peu plus de laine que les brebis.

Les soins à donner au bétail sont :

1° Dans une nourriture abondante et substantielle;

2° Dans un état constant de propreté, car si l'étrille équivaut au quart de la ration du cheval, on en pourrait dire autant du bœuf;

3° Dans la douceur et les bons procédés dont il doit être l'objet.

Peu de contrées tirent du bétail tout le parti possible, parce que peu de contrées donnent au bétail tous les soins qu'il réclame.

De là encore déception dans les croisements et mécomptes dans l'importation de races plus remarquables sous le rapport des formes et du volume.

En effet, les animaux provenant d'une petite race, croisés avec une autre de forte taille, sont, d'ordinaire, disproportionnés, *peu robustes* et peu propres à la vente, parce qu'ils sont généralement durs à l'engrais.

Il faut donc que l'agriculteur, chez qui *tout* doit être raisonné, soit amené à dire :

« Tous les sujets d'une race petite et chétive ne sont pas appelés, sans doute, à concourir pour former une race supérieure à l'ancienne, mais en prenant les types les moins mauvais et en leur procurant toute l'année une nourriture plus abondante et de moins mauvaise qualité, je devrais tirer des *croisements* un bon parti, parce que la race à améliorer s'éloignera déjà moins par la taille, voire même par les formes de la race améliorante. » Aussi dirai-je que le premier soin de l'homme qui veut se livrer à quelques améliorations en ce genre devra être de rechercher, avant toutes choses, à se créer une race dans la propre race sur laquelle il veut agir.

Cependant, comme dans l'amélioration à introduire dans l'éducation du bétail, l'agriculteur a souvent un but distinct de celui de son voisin à poursuivre, c'est donc à atteindre ce but que doivent tendre ses efforts. Or, veut-on récolter un lait gras et abondant ou s'attacher à la longueur et à la finesse de la laine, il faudra bien chercher à propager et à fixer les qualités des individus les plus remarquables en ce genre, sans s'inquiéter s'ils s'éloignent plus ou moins par leur conformation de la conformation d'individus reconnus réellement beaux.

C'est qu'en agriculture comme en industrie je

n'admettrai jamais un résultat négatif. L'âge d'un étalon, chez les bêtes à corne, doit être de *quinze mois à deux ans;* plus vieux, il offre l'inconvénient d'être trop lourd et trop grand pour les vaches. En outre, il se déforme et devient souvent méchant.

On me pardonnera de ne pas indiquer ici l'époque la plus convenable pour la saillie ou la monte, quoique les élèves issus dans les mois de janvier, février et mars soient ceux auxquels l'éleveur donne ordinairement la préférence.

C'est que l'intérêt de l'agriculteur le pousse souvent à avoir *toute l'année* des vaches fraîches de lait, soit qu'il trouve moyen de le vendre, soit qu'il engraisse des veaux qu'il livre ensuite à la boucherie.

Nous voilà donc dans l'obligation de répéter ce que nous avons déjà dit : « que l'agriculture n'est nullement une combinaison précise et invariable qu'on doive appliquer en toute circonstance. » Ce qui revient à dire qu'il n'y a rien d'*absolu*, et qu'ainsi tout doit être raisonné.

Comme corollaire de ce qui précède, ou plutôt comme complément, je tire d'un mémoire de M. Malingié Nouel, directeur de la ferme école de la Charmoise (Loir-et-Cher), sur les bêtes à laine, quelques principes parfaitement formulés, et dont j'ai pu constater la justesse.

De deux races croisées, dit cet agriculteur, dans le but d'obtenir un produit mixte ou métis, celle qui est d'origine plus ancienne laisse une plus forte empreinte sur le produit que celle qui est d'origine plus récente.

« D'où il suit, que plus l'une des races est ancienne par rapport à l'autre, plus l'empreinte est forte.

« D'où il suit encore que l'empreinte est directement proportionnelle à l'ancienneté relative de deux races pures croisées l'une avec l'autre.

« Cette loi donne lieu à une autre conclusion également vraie dans la pratique.

« Lorsqu'on veut améliorer une race par une autre, la race à améliorer représente la *résistance* de la première, et la race améliorante l'impulsion. Mais la résistance de la première étant en raison directe de la pureté et de l'ancienneté de son origine, il s'ensuit que, pour diminuer la résistance, il faut détruire la pureté et l'ancienneté de la race à améliorer, pour donner à la race améliorante toute sa plénitude d'action. »

C'est qu'il est d'observation que la race à améliorer étant, dans la plupart des cas, une race indigène, et la race améliorante une race étrangère, la résistance de la première est rendue plus tenace par une cause autre que l'ancienneté d'origine, et qui, quoique secondaire, n'en a pas moins sa part d'influence. Cette ténacité de résistance provient de ce que les animaux à améliorer, qui sont acclimatés de tout temps à leur pays, n'éprouvent, dans leur manière d'être, aucun changement qui les puisse affaiblir, tandis que les animaux améliorants, nouvellement importés, ont à lutter contre les effets du transport et de l'acclimentation.

Encore un mot, et je termine.

Les formes extérieures des animaux domestiques ont été bien étudiées, et les proportions bien déterminées ; mais on n'a peut-être pas encore suffisamment compris que les formes extérieures ne sont qu'un indice de la structure intérieure, et, qu'en conséquence, les principes de l'amélioration doivent être fondés sur la connaissance de la structure et des usages des organes intérieurs.

Je ne crois pouvoir mieux faire qu'en donnant quelques extraits du remarquable traité de *Cline sur la forme des animaux relativement à leur amélioration*, traduit par M. Huzard fils.

« Les poumons sont de la plus haute importance ; de leur ampleur et de leur état parfait de santé dépend principalement la bonne constitution de l'animal ; la faculté de convertir la nourriture est en proportion de leur ampleur. »

. . . .

DE LA POITRINE.

L'ampleur des poumons est déterminée extérieurement par la forme et la hauteur de la poitrine. Sa forme doit être celle d'un cône horizontal, dont le sommet est antérieur et situé entre les pointes des épaules, et dont la base est vers les lombes et la pointe du sternum, ou vers l'abdomen. Sa capacité dépend de sa forme plus que de l'étendue de sa circonférence.

DU PELVIS.

Le pelvis, ou la cavité pelvienne, est cette cavité formée par l'assemblage des os des hanches et de la croupe. Il faut que cette cavité soit grande dans la femelle pour qu'elle puisse mettre bas avec peu de difficultés.

« L'ampleur de cette cavité est indiquée par l'écartement des hanches, par celui des ischions ou des pointes des fesses, par l'écartement qu'on remarque entre les extrémités à leur partie supérieure. La largeur des reins est toujours en proportion de celle de la poitrine et du pelvis.

DE LA TÊTE.

La tête doit être petite : cette condition rend la naissance facile ; la petitesse de cette partie apporte d'autres avantages, et indique généralement une bonne race.

. . . .

DES MUSCLES.

Les muscles et les tendons qui en dépendent doivent être larges, afin que l'animal puisse marcher avec une plus grande facilité.

DES OS.

La force d'un animal ne dépend pas de la grosseur des os, mais de celle des muscles. Beaucoup d'animaux à os volumineux sont faibles, parce que leurs muscles sont petits. Des animaux mal nourris pendant leur croissance ont les os dispro- portionnellement gros. Ici l'auteur se livre à un long examen de l'amélioration des formes par les croisements ; mais, quelque supériorité de talent qu'il déploie, nous ne le suivrons point sur ce ter- rain, nous en référant à ce que nous avons dit à ce sujet.

Le résumé de ces citations est que l'animal doit avoir la tête petite, le corps en forme de tonneau, la poitrine bien ouverte, l'épine dorsale bien horizontale, les jambes fortes, et la croupe large et coupée carrément.

Il faut encore que la peau de l'animal soit bien maniable au toucher, c'est-à-dire qu'elle pro- duise dans les doigts l'effet d'un drap fait de laines fines.

Je n'ai rien à dire du cheval, parce que les qualités qu'on recherche dans cet animal sont si bien connues, et il a si bien réussi lui-même à se placer sous la protection du riche, que l'amé- lioration graduelle de nos chevaux ne saurait faire doute aujourd'hui pour personne.

SEPTIÈME LEÇON.

—

Après nous être occupés des soins que réclame le bétail, nous sommes conduits par un enchaînement logique à nous occuper un instant des prairies naturelles et des moyens les plus propres à leur irrigation.

Dans les sols pauvres et qui ont peu de valeur, les prés sont d'une si grande ressource, que, lors même qu'ils seraient d'une qualité secondaire et d'une pousse médiocre, je ne conseillerais pas de les défricher pour les convertir en terre arable. Mon amour pour eux (amour raisonné cependant) s'étend si loin, que j'engagerais non seulement à apporter tous les soins nécessaires à leur amélioration, mais encore à en établir dans ces sortes de terrain, partout où il serait possible de le faire sans de trop fortes dépenses. Dans ce cas, on devrait faire choix de graines diverses et mélangées, car on aurait toujours un meilleur produit que si on n'employait qu'une seule espèce de graine. L'époque la plus convenable à leur amélioration est l'automne.

4..

Il serait bon aussi , quand on crée une prairie, qu'on sût à l'avance si elle sera fauchée ou pâturée, car, destinée à être mangée , elle pourrait produire avec avantage des plantes dont la croissance arrive à diverses époques ; tandis que, destinée à être fauchée, il n'en serait pas de même, puisque les plantes dont la maturité est hâtive seraient sèches et dures au moment de la fauchaison.

Dans les bons sols, où le terrain , par conséquent, a une grande valeur, on retirera, presque toujours, un produit plus considérable d'un pré mis en culture que d'un pré permanent. Je serai donc ici de l'avis d'habiles cultivateurs, qui pensent qu'on ne doit laisser subsister un pré qu'autant qu'il est susceptible d'être irrigué.

Je n'hésiterai cependant pas à avouer que, si je possédais un pré de bonne qualité, donnant *seulement* sept mille livres de foin par hectare, je ne le romprais certainement pas.

Avant de rompre un pré (lors même qu'il ne serait pas susceptible d'une bonne irrigation), il faut bien consulter son rapport.

Un fait assez bizarre et qui mérite d'être constaté, est qu'il serait très-désavantageux de consacrer *alternativement* une prairie au pâturage et au fauchage.

Il paraît constant que l'herbe prend une habitude qu'il ne faut pas songer à contrarier, autrement, d'un bon pré, on peut arriver à ne faire qu'un pâturage de deuxième ordre , et d'un bon pâturage un mauvais pré.

Lorsqu'on veut faire un pré dans un sol humide, il faut avoir soin de bien assainir son terrain, le cultiver avec soin trois ou quatre années, et *semer* sur la céréale qui suit la récolte sarclée.

Mais le pré établi, il faut le maintenir en état constant de production, et là commence l'art des *irrigations*.

Cet art, ou plutôt cette science, est encore dans l'enfance dans la plupart de nos départements, et, cependant, de toutes les améliorations par le moyen desquelles on peut augmenter d'une manière durable les produits du sol, il n'y en a peut-être aucune plus importante que l'irrigation.

Malgré la lenteur qu'elle met à se propager, je me trouve, néanmoins, en face de plusieurs systèmes, chacun voulant avoir le sien.

On dit et on écrit tant.

Auquel donnerons-nous la préférence? A aucun, parce qu'aucun n'est applicable à toutes les irrigations, et qu'elles peuvent différer selon la nature des lieux, la nature du sol, et le plus ou moins d'eau qu'on a à sa disposition.

Je m'en tiendrai donc, comme je l'ai fait jusqu'ici, aux principes généraux.

Je dirai, avec tous ceux qui ont écrit sur la matière, que l'irrigateur doit être *maître absolu* de son eau. Il faut qu'il puisse à volonté inonder sa prairie et en retirer l'eau avec la même facilité et la même promptitude, comme aussi il devra la conduire sur la partie de son terrain qu'il jugera convenable, et la faire rentrer sitôt que bon lui semblera dans les lits que l'irrigation lui aura assignés. Pour cela, il faudra toujours connaître le point le plus élevé de son terrain et le point le plus bas.

Les terrains trop plats offrent souvent de très-grandes difficultés dans l'irrigation, parce qu'il faut, pour ainsi dire, créer des pentes.

Dans ce cas, on emploie les moyens d'assainissement les plus convenables. On est même parfois obligé d'y creuser des réservoirs, de larges fossés qui reçoivent l'eau surabondante, et, comme la terre hausse le niveau du sol, on se rend ainsi maître de l'eau, et le moyen *d'agiter* cette eau sur toute la surface, à *heure dite*, devient alors praticable.

C'est qu'on ne doit jamais perdre de vue qu'il est aussi important de procurer aux eaux un écoulement facile et prompt que de les conduire sur le terrain; c'est que, sans la précaution d'empêcher la stagnation de l'eau, on peut faire plus de mal que de bien en l'amenant sur le sol.

Dans la conduite des eaux pour l'irrigation, on doit avoir toujours pour principe de ménager, autant que possible, *la pente*, en maintenant toujours l'eau à la plus grande hauteur que l'on peut. Pour cela, on ne donne à tous les canaux dans lesquels on la fait circuler que la pente nécessaire pour la faire arriver au but. C'est là que se rencontre la plus grande difficulté pour l'homme qui n'a pas une longue habitude de ces opérations. On doit aussi ménager l'eau, autant que possible, en en employant chaque fois que la quantité nécessaire pour baigner, mais abondamment, la partie du terrain où on la verse.

Ordinairement l'eau qui, après avoir été fournie par une *rigole d'irrigation*, a arrosé une certaine étendue du terrain situé au-dessous de cette rigole, est recueillie dans une autre qui sert elle-même de rigole d'irrigation pour le terrain situé au-dessous d'elle ; et ainsi de suite jusqu'à ce que l'eau soit arrivée au point le plus bas de la prairie. Dans cette disposition, que l'on nomme *irrigation à reprise d'eau*, et qui convient spécialement aux terrains qui ont de la pente ; *chaque rigole d'irrigation sert de rigole de dessèchement* pour le terrain situé au-dessus d'elle.

D'autres fois, les rigoles de dessèchement forment un système particulier et indépendant des rigoles d'irrigation. Elles doivent alors être disposées de manière à réunir toutes les eaux des rigoles d'irrigation qui leur correspondent aussitôt qu'elles ont produit leur effet, et surtout de manière qu'il ne puisse jamais séjourner d'eau stagnante dans aucune partie de la prairie.

La distance qu'on doit laisser entre les rigoles, dans les divers systèmes d'irrigation, dépend de la nature du sol ainsi que de la pente du terrain. Les rigoles doivent être assez rapprochées pour que l'eau, répandue à la surface du sol, soit toujours recueillie dans une nouvelle rigole avant qu'elle ait pu se répandre inégalement sur la surface.

HUITIÈME LEÇON.

Comme une bonne nourriture est une des conditions essentielles dans les soins à donner au bétail, et comme *les racines* font partie d'une bonne alimentation, leur place se trouve marquée ici; aussi m'en occuperai-je, quoique d'une manière très-succincte.

On peut les classer, tant pour la nutrité que pour la conservation, dans l'ordre suivant :

Betteraves, pommes de terre, carottes, rutabagas, turneps et navets.

Les turneps et les navets sont de beaucoup inférieurs aux autres racines; néanmoins elles conviennent parfaitement aux moutons à l'engrais.

Arrachées de *bonne heure*, à l'exception de celles qui se font quelquefois en récoltes sarclées, ces plantes sont une excellente préparation pour le blé; et si elles ont été bien fumées (principalement les betteraves), le froment sera, dans la plupart des cas, aussi beau qu'après un trèfle rompu.

C'est d'ordinaire dans la céréale qui suit la récolte des racines qu'on sème le trèfle et les autres plantes à fourrage. Et si le terrain n'est pas encore bien amendé, on fera bien, pour mieux en assurer la réussite, de semer ces plantes dans une céréale de printemps.

Prenons un exemple :

Blé, betteraves et pommes de terre, etc. (bien fumés); avoine et orge, trèfle, etc.

On peut, sans inconvénient et sans diminution de travail, faire entrer les racines pour un quart dans la nourriture journalière des animaux. On pourrait même les y faire entrer dans une plus grande proportion, *les pommes de terre exceptées*, à moins qu'elles ne soient cuites. Dans ce cas, rien ne s'oppose à ce qu'on en donne une plus grande quantité, mais elles poussent alors davantage à la graisse et conviennent moins aux vaches laitières ; les racines sont on ne peut plus avantageuses pour les animaux à l'engrais et avec elles l'engraissement de moutons de taille ordinaire (bien conduit) doit être complet en cinq ou six semaines au plus.

Pendant la durée de cet engraissement chaque mouton produira environ en fumier 500 livres.

Si les moutons étaient de grosse taille, telle que la race wurtembergeoise, qui pèse jusqu'à 80 livres, chair nette, la ration journalière devrait être portée au double.

Des animaux nourris à l'étable avec du fourrage vert donneront toujours le double du fumier que nourris avec du fourrage sec. Mais si les racines entrent dans la ration journalière pour un tiers ou pour la moitié, ne fut-ce que pour un quart, la différence est infiniment moins forte.

Ici, qu'on me permette un exposé à fond de train, qui sera le complément de tout ce qui précède.

Au début on ne fait pas ce qu'on veut, mais ce *qu'on peut*. Il faut donc qu'un assolement soit combiné de manière à ce qu'il conserve un certain degré de souplesse qui permette de le plier aux modifications que peuvent indiquer la nature et le hasard des circonstances; le choix d'un bon assolement ne suffit pas *seul*, si les autres rouages de la machine ne sont pas bien organisés. C'est qu'il faut entre, concordance et harmonie.

Avant toutes choses il faut un *capital!* 100 à 150 fr. par hectare suffiront dans la plupart des cas; et si c'est la famille qui cultive, on pourra baisser de beaucoup ce chiffre.

L'esprit d'ordre est aussi chose indispensable à l'agriculteur, non-seulement parce qu'il doit pouvoir se rendre compte de *tout*, afin de commander et diriger avec autorité, mais encore parce que des fautes légères en apparence ou inappréciables au premier coup d'œil, répétées souvent, peuvent absorber partie ou totalité des bénéfices et engendrer le découragement qui d'ordinaire mène à la ruine.

L'introduction d'instruments aratoires perfectionnés ne saurait non plus être révoquée en doute, parce qu'ils sont à l'agriculture ce que sont les machines à l'industrie, parce qu'ils exécutent avec plus d'économie ou plus de perfection les principales opérations des terres.

Quant aux céréales, plantes très-productives, mais très-épuisantes, et qui, dans l'agriculture raisonnée, doivent toujours assez donner de paille pour *litière*, quelle que soit la proportion de fourrages artificielles dans l'assolement, nous dirons que le seigle et le froment veulent un terrain bien préparé. Le premier demande à être semé de bonne heure sur un labour vieux de quelques semaines, et le deuxième, sur un labour frais. Il est bon de herser ces plantes au mois de mars, le froment surtout.

Comme fourrage, le seigle en fournit un très-bon pour les bêtes à laine. Ainsi que la pinprenelle, *il pousse, pour ainsi dire,* sous la neige, de sorte qu'il peut devenir avantageux d'en consacrer tous les ans une certaine quantité aux brebis qui agnèlent.

S'il est parfois préférable de remplacer le seigle ou le froment, par une céréale de printemps telle que l'orge ou l'avoine, dans des terrains qui viennent de donner une récolte sarclée comme betteraves, pommes de terre, etc., c'est que l'arrachage de ces plantes, étant assez souvent tardif, s'effectue par le mauvais temps.

L'orge semble assez exigeante et sur le choix et sur la préparation du terrain. Il n'en est pas de même de l'avoine qui peut réussir sur un simple déchaumage, mais qui ne réussirait pas toujours là où réussit le seigle, parce qu'elle craint d'avantage la sécheresse.

Nous terminerons.... mais j'entends qu'on me demande s'il ne conviendrait pas de semer en lignes.

Cette opération étant plus longue et plus coûteuse, je n'en vois l'utilité que pour les plantes qui reçoivent de fréquentes cultures à la houe à cheval ou à la houe à la main, et, encore, pour les pépinières, parce qu'en écartant les lignes, le plan grossit plus vite et le binage est plus facile. Ceci nous amène naturellement à poser cette deuxième question.

N'y aurait-il pas d'inconvénient à transporter dans un mauvais terrain un sujet venu dans une pépinière dont le terrain serait très-riche ?

Il vaut bien mieux que le terrain de pépinières soit très-riche, parce que *l'élève* a beaucoup plus de racines et de fibres alimentaires qu'un autre venu dans un mauvais terrain : il aura donc plus de chances de réussites.

Faisons donc toujours nos pépinières, tant pour les arbres que pour les légumes, tels que betteraves, colza, etc., sur un terrain aussi riche que possible ; seulement il faudra que le plan soit d'une certaine grosseur quand on le repiquera dans un terrain sablonneux ou sujet à la sécheresse.

Nous terminerons maintenant par ces mots :

Dans un bon assolement on doit faire succéder les plantes améliorantes à celles qui sont épuisantes, de manière à conserver le sol dans un bon état de fertilité, et arriver ainsi à la suppression de la jachère. Mais l'application de ce principe est subordonné à la quantité d'engrais dont on peut disposer; car ce n'est pas *tout* de faire une chose bonne en elle-même, il faut encore bien la faire pour réussir.

PARIS.   LÉAUTEY, Imp., rue St-Guillaume, 21.